LA PHOTOGRAPHIE DANS LES ARTS, LES SCIENCES ET L'INDUSTRIE,

PAR

ALBERT LONDE,
Officier d'Académie,
Directeur du Service photographique à l'hôpital de la Salpêtrière
Vice-Président de la Société d'excursion des amateurs de Photographie,
Membre de la Société française de Photographie.

Conférence faite au Conservatoire national des Arts et Métiers, le 18 mars 1888.

PARIS,
GAUTHIER-VILLARS ET FILS, IMPRIMEURS-LIBRAIRES,
ÉDITEURS DE LA BIBLIOTHÈQUE PHOTOGRAPHIQUE,
55, quai des Grands-Augustins.

1888

LA

PHOTOGRAPHIE

DANS LES ARTS,

LES SCIENCES ET L'INDUSTRIE.

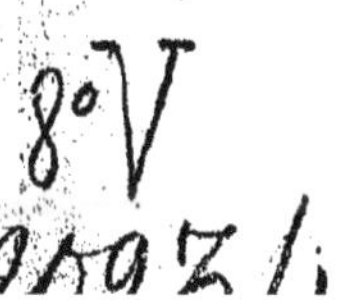

ECCE
LABORA ET NOLI
CONTRISTARI

LA

PHOTOGRAPHIE

DANS LES ARTS,

LES SCIENCES ET L'INDUSTRIE,

PAR

ALBERT LONDE,
Officier d'Académie,
Directeur du Service photographique à l'hôpital de la Salpêtrière,
Vice-Président de la Société d'excursion des amateurs de Photographie,
Membre de la Société française de Photographie.

Conférence faite au Conservatoire national des Arts et Métiers,
le 18 mars 1888.

PARIS,
GAUTHIER-VILLARS ET FILS, IMPRIMEURS-LIBRAIRES,
ÉDITEURS DE LA BIBLIOTHÈQUE PHOTOGRAPHIQUE,
55, quai des Grands-Augustins.

1888

LA

PHOTOGRAPHIE

DANS LES ARTS,

LES SCIENCES ET L'INDUSTRIE.

Le but de cette Conférence est de vous entretenir de la Photographie et de ses diverses applications; en un mot, de vous montrer son domaine à l'heure actuelle. Vous serez certainement surpris de voir les progrès considérables accomplis dans la nouvelle voie depuis moins d'un demi-siècle.

Nous examinerons ensemble la raison de ces progrès, leur étendue, leur importance : nous verrons si leurs conséquences doivent être simplement éphémères ou, au contraire, si elles ont devant elles un brillant avenir.

Le jour où Arago, dans une séance mémorable, demandait une récompense nationale pour les inventeurs de la Photographie, il signalait déjà, par une audacieuse conception de son esprit, les conquêtes futures de la nouvelle découverte. Mais ses prévisions sont déjà de beaucoup dépassées et, néanmoins, nous sommes persuadé qu'il y a encore beaucoup à trouver et que les années qui vont venir nous réservent bien d'autres surprises.

La Photographie, qui, au premier abord, semblait devoir rendre d'importants services, mais dans une sphère d'action limitée, étend tous les jours son domaine, et il n'est personne d'entre vous qui, pour son plaisir ou son intérêt, n'ait eu recours à elle ou ne soit obligé de le faire un jour ou l'autre.

A quoi faut-il donc attribuer cette universalité de la Photographie, si ce n'est à certaines qualités qui lui sont propres et qui lui donnent une valeur toute particulière et une supériorité indiscutable? L'examen de ces diverses qualités doit naturellement nous occuper, car c'est par cette étude que nous saurons pourquoi la Photographie a pris une part si importante dans l'Art, les Sciences et l'Industrie.

Que nous donne la chambre photographique munie de son objectif? Une image des objets placés devant elle, image que nous recevons sur une surface susceptible d'être impressionnée d'une manière durable par la lumière agissant pendant un temps plus ou moins long.

Voilà déjà une propriété fort importante : possibilité de reproduire rapidement et exactement un objet quelconque. Si maintenant, une fois le document obtenu, on peut le multiplier à l'infini, les applications deviendront de suite plus nombreuses et plus utiles.

C'était, en effet, le grand défaut du procédé de

Daguerre que la production d'une image unique, et on le sentit si bien que, dès les premiers temps de cette invention, de nombreux essais furent faits pour transformer la planche daguerrienne en planche héliographique, susceptible de fournir de nombreux tirages.

Aussi la découverte de Talbot, quoique moins célèbre que celle de Daguerre, a-t-elle eu, au point de vue pratique, une importance capitale. C'est à ce savant, en effet, que l'on doit l'obtention de l'image négative, qui permet de donner par la suite une série illimitée d'images positives.

Ces deux propriétés de la Photographie, sincérité d'exécution et multiplication facile des résultats, lui donnent un champ suffisamment vaste; mais ce n'est pas tout.

Alors que, par le procédé de Daguerre, cinq minutes au moins d'exposition étaient nécessaires pour avoir une épreuve, aujourd'hui on en obtient en des temps si courts qu'il a fallu construire des instruments spéciaux pour remplacer la main devenue insuffisante.

Ce progrès est dû à la connaissance plus parfaite des réactions photographiques, à l'emploi de nouvelles combinaisons des sels d'argent et, tandis qu'autrefois il fallait se limiter, malgré soi du reste, à la seule reproduction des objets inanimés, maintenant le mouvement du modèle n'est plus un écueil, un obstacle; au contraire, on le recherche soit pour en faire l'analyse, soit pour donner plus d'animation, plus de vie aux compositions. La rapidité d'impression est donc encore une qualité à ajouter aux précédentes.

Enfin, nous savons que la plaque photographique n'est pas sensible aux mêmes rayons que notre rétine : elle pourra donc, dans certains cas, nous donner plus que l'œil, nous montrer ce que celui-ci ne saurait percevoir. Cette sensibilité particulière a une valeur toute spéciale et ce n'est pas, à notre avis, la moins importante des propriétés de la Photographie.

M. Janssen, l'illustre astronome, a dit de la plaque photographique qu'elle était la « rétine du savant, mais rétine bien supérieure à l'œil humain ; car, d'une part, elle garde la trace du phénomène qu'elle a perçu et, de l'autre, dans certains cas, elle voit plus que celui-ci ». De telles paroles dans la bouche d'un des hommes qui honorent le plus la Science française sont de haute valeur pour la cause de la Photographie, qui n'a pas toujours joui de la considération qu'elle méritait et qui, à l'heure actuelle, nous ne craignons pas de le dire, n'a pour ainsi dire pas encore d'existence officielle.

I.

Nous avons vu tout à l'heure que la qualité primordiale, essentielle pour ainsi dire, de la Photographie était son exactitude, sa sincérité. Est-ce que cette assertion n'est pas aventurée et ne va-t-on pas nous donner nombre d'exemples qui ne tendraient rien moins qu'à prouver que l'appareil photographique est susceptible d'entraîner des déformations importantes?

Voyez, nous dira-t-on, ce portrait où les parties les plus avancées du visage, où les bras, les mains prennent une importance choquante; regardez ce monument qui n'a l'air de tenir debout que par un prodige d'équilibre; examinez ces perspectives faussées, et ainsi de suite.

Au premier abord, ces objections paraissent fondées, mais il ne faut pas s'en émouvoir outre mesure. Il en est des instruments photographiques comme de tous les autres : il faut savoir s'en servir. Mettez entre les mains d'un ignorant ou d'un inexpérimenté un instrument de musique excellent, il n'en tirera malgré cela que des sons discordants et désagréables. Irez-vous en conclure que l'instrument ne vaut rien et que la Musique n'est qu'une chimère? Évidemment non. Alors, pourquoi raisonner autrement en Photographie? Pourquoi laisser dire, pourquoi laisser écrire qu'elle est à la portée de tous, que son usage est élémentaire, qu'un appareil et quelques produits sont seuls nécessaires pour réussir? Pourquoi laisser ignorer que ce matériel ne peut donner un résultat convenable que si l'on sait s'en servir, que si l'on connaît les règles fondamentales qui en régissent l'emploi?

On s'apercevra alors que ces prétendues déformations proviennent uniquement de l'inexpérience de l'opérateur, et qu'il aurait pu les éviter s'il s'était servi de ses instruments d'une manière logique et rationnelle.

La question est du reste tranchée et, pour ne vous citer que deux exemples probants, il me suffira de vous rappeler que, depuis longtemps déjà, l'objectif est chargé de la reproduction des documents topographiques, géographiques et militaires, reproduction qui demande la précision la plus rigoureuse, et de vous apprendre que, dans un récent Congrès tenu à Paris, c'est à la Photographie que l'on a demandé son concours pour exécuter un travail d'une importance capitale en Astronomie, je veux parler du relevé de la Carte du Ciel.

Une telle décision n'aurait certainement pas été prise par les savants délégués du monde entier si les appareils photographiques étaient susceptibles d'entraîner les erreurs et les déformations dont on les a rendus si longtemps responsables.

La sincérité de la Photographie nous paraît donc devoir être mise hors de cause; il s'agit maintenant de voir où et comment s'appliquent ses facultés de reproduction.

Il ne nous est pas possible de passer sous silence la branche de la Photographie qui a été longtemps la plus appréciée et qui est encore la plus répandue, la plus vulgarisée. Nous voulons parler de l'obtention du portrait. Ce succès ne peut nous surprendre, car nous savons le plaisir que nous avons à parcourir cet album où nous retrouvons nos amis, nos parents, ceux que nous avons aimés et peut-être perdus.

Au début, la nouveauté fit passer sur la qualité; mais, peu à peu, le goût public s'est perfectionné, les appareils, les produits, les méthodes également: de vrais praticiens en la matière se sont révélés et vous pouvez aujourd'hui voir assez fréquemment des épreuves que l'on peut, sans exagérer, qualifier d'*artistiques*.

Ce ne sera pas, du reste, toujours chose facile, parce que l'objectif opère d'une manière impartiale. Il reproduit tout avec la même rigueur, la même importance : principal et accessoires, modèles et fonds, premiers plans et lointains.

Cette précision excessive, aveugle même, précieuse dans certains cas, sera ici plutôt un obstacle.

Il faudra donc que l'opérateur compose son sujet de manière à attirer l'attention sur l'objet principal, qu'il l'éclaire de manière à mettre en lumière tel ou tel point, qu'il lui donne une attitude naturelle, qu'il fasse ressortir la physionomie qui lui est habituelle, en un mot qu'il exécute ce travail préparatoire tout comme le ferait un artiste ; mais comme, d'autre part, il se sert d'un instrument particulier qui, à certains points de vue, peut modifier les effets, qu'il prévoie tout, qu'il calcule tout. De cette manière, il pourra arriver à un excellent résultat ; sinon, ses erreurs seront impitoyablement rendues.

La plaque photographique est d'une sensibilité si exquise qu'elle peut reproduire avec la plus grande perfection toutes les nuances de la lumière, si délicates qu'on puisse les imaginer. Or, comme, dans l'hypothèse, c'est la lumière elle-même qui fait l'office de dessinateur, il est certain que, si elle a été maniée avec habileté, l'épreuve pourra et devra même être aussi parfaite que possible.

Il n'est pas dans notre intention, du reste, de mettre la Photographie en parallèle avec le Dessin ou la Peinture ; mais ce que l'on ne peut méconnaître, c'est que, pour tout ce qui précède l'exécution, c'est-à-dire la pose, l'éclairage, la disposition du modèle, il faudra déployer le même goût, le même talent. C'est ici que doit se montrer de la manière la plus évidente le sens artistique.

Si du portrait nous passons au paysage, aux scènes si variées et si animées de la nature, les difficultés seront encore plus grandes.

Sur ce terrain, en effet, l'artiste a une supériorité indiscutable ; il peut changer certaines parties de son sujet, e varier la forme, l'emplacement, faire, en un mot, telles modifications ou telles suppressions qu'il juge nécessaires. Il pourra donc, de cette manière, mettre en lumière son sujet principal et supprimer tout ce qui pourrait nuire à l'effet général.

En Photographie, rien de tout cela n'est possible. L'opérateur devra donc faire une étude beaucoup plus complète de son sujet, puisqu'il ne peut rien changer, afin que le résultat soit harmonieux et que rien ne choque. La plus grande partie de la valeur d'un cliché dépendra donc de cette opération préliminaire, qui demande un goût très délicat et très exercé.

En passant, nous ferons remarquer que bien peu de personnes opèrent ainsi. On se place en face de l'objet à reproduire, sans chercher s'il n'y aurait pas d'emplacement préférable, en se basant précisément sur cette observation qu'il n'y a rien à modifier par l'usage de la Photographie, et l'on opère pour ainsi dire brutalement. Au lieu de chercher à vaincre les difficultés inhérentes au sujet, à les tourner s'il n'y a pas moyen de faire autrement, on déclare trop facilement qu'il n'y a rien à faire. Cependant, en choisissant convenablement son éclairage, en se déplaçant dans un sens ou dans l'autre, on trouvera certainement l'endroit précis où le paysage rend tout son effet.

L'étude des premiers plans, des personnages destinés à donner de la vie à la composition, devra être faite avec le plus grand soin. Ceux-ci devront être naturellement toujours dans le caractère de l'étude. Un bûcheron dans le bois, un pêcheur sur le bord de la rivière ne seront pas déplacés. Évitez le monsieur en chapeau haute forme et en redingote qui vient souvent faire tache dans une épreuve d'ailleurs fort réussie.

En envisageant ainsi la Photographie, en donnant une plus grande part à la composition, on y voit un côté vraiment artistique, bien fait pour séduire tous ceux à qui la nature n'a pas donné le talent nécessaire pour manier le pinceau ou le crayon.

A côté des photographes de profession, s'est formé le groupe tous les jours de plus en plus nombreux des photographes amateurs, qui trouvent dans cette nouvelle occupation un passe-temps des plus attrayants qui permet de donner libre carrière à leur bon goût et à leur originalité.

Leurs productions sont en général très appréciées des artistes. N'est-ce pas la preuve évidente que ceux-ci trouvent dans des épreuves habilement faites un reflet quelconque de l'art qu'ils cultivent?

Du reste, les procédés employés par l'artiste et l'amateur de photographie ne sont pas sans offrir de nombreuses analogies, en ce qui concerne, comme nous l'avons dit, la phase précédant l'exécution.

Deux amis partent pour la campagne. L'un s'occupe de peinture et l'autre de photographie. Ils désirent reproduire le même sujet. Une fois arrivés, ils déploient chacun leur matériel, puis cherchent l'emplacement le plus favorable. Une fois ce travail préliminaire fait, et ce sera quelquefois fort long, nous savons maintenant pourquoi, le peintre se met à l'ouvrage; mais il a à peine commencé que son collègue plie bagage.

Soyez persuadés que le soir, en rentrant, le peintre demandera tout bas à son ami l'épreuve qu'il a faite. Ce document lui sera en effet fort utile pour l'ébauche de son tableau, pour en tracer les grandes lignes et abréger le travail fastidieux de la mise en place.

Un autre jour, les mêmes amis sortent encore ensemble, mais sans emporter leur bagage habituel. Néanmoins, l'artiste a glissé dans sa poche l'album qui lui sert pour prendre des croquis; l'amateur emporte une de ces petites chambres photographiques qui ont à l'heure actuelle tant de vogue et de succès.

L'artiste voit-il un mouvement, un groupe, une scène quelconque qui l'intéresse, vite il tire son album; mais son ami l'a déjà devancé, car en une fraction de seconde il a pu saisir le sujet en question, qui est probablement déjà loin.

La conclusion est ici plus radicale. L'artiste, le lendemain, n'emportera pas son album, mais bien le petit appareil.

Celui-ci en effet, au point de vue documentaire, est infiniment supérieur au crayon de l'artiste, car il peut donner le croquis avec une fidélité et une rapidité qui sont les premières qualités du succès.

Nous croyons donc que les artistes, loin de voir en la Photographie un adversaire, un concurrent, y trouveront au contraire un auxiliaire des plus précieux. Ce peut même être entre leurs mains un nouvel instrument pour traduire leur pensée.

Leur œuvre terminée, c'est encore à la Photographie que les artistes auront recours pour en faire exécuter la reproduction, soit dans la presse illustrée, soit dans les publications d'art. L'intermédiaire coûteux, quelquefois inexact, nous pourrions même dire nécessairement inexact, le graveur est en train de disparaître, en tant que copiste bien entendu. L'artiste a trouvé dans la Photographie un graveur absolument impartial, rapide et économique. Son œuvre est respectée jusque dans les moindres détails et, qualité encore plus précieuse, les dimensions de la copie peuvent être variées suivant les besoins de l'édition.

Ce sont là des considérations importantes qui montrent quel secours l'Art peut tirer de la Photographie.

C'est ainsi que nous possédons les reproductions de tous les chefs-d'œuvre de l'art humain, que nous pouvons les admirer, les étudier, les travailler tout à notre aise.

L'influence d'un tel résultat sur l'éducation artistique en général et sur le développement des beaux-arts dans un pays n'est plus à démontrer, et il nous suffit de la signaler sans insister davantage.

Si maintenant nous passons à l'étude des chefs-d'œuvre de la nature, nous allons obtenir des connaissances de haute valeur sur l'aspect général de la surface terrestre, sur ses habitants, sur sa végétation, sur sa flore et sa faune.

D'intrépides voyageurs vont dans le monde entier nous chercher ces documents, qu'il serait quelquefois bien difficile de remplacer autrement.

Il est des choses que l'esprit ne perçoit pas facilement sans les voir. Ainsi la moindre épreuve nous rendra bien mieux compte de l'énormité de la chute du Niagara que n'importe quelle description, si précise qu'elle soit.

Il existe, paraît-il, en Amérique des arbres de 300 pieds d'élévation. Votre esprit voit-il nettement ce que représente cette vertigineuse hauteur ? Évidemment non. Je vous montrerai en projection un des arbres en question et à côté un homme. Vous saisirez immédiatement ce que votre intelligence seule ne vous représentait pas nettement.

Enfin, et ce ne sera pas le moindre avantage, les descriptions de quelques voyageurs se trouveront exemptes d'une certaine exagération, d'une véritable amplification qu'elles subissaient peu à peu dans le cerveau de leurs auteurs. Je ne fais pas cette remarque pour critiquer des hommes courageux qui vont, souvent au péril de leur vie, explorer les pays lointains, mais leurs observations ne peuvent pas toujours être faites avec la rigueur nécessaire. Et cependant, les appareils photographiques, avec quelques petites additions peu compliquées, permettent de faire des mensurations précises, de relever même des plans, comme l'a indiqué dans une méthode bien connue M. le colonel Laussedat, le savant directeur du Conservatoire des Arts et Métiers. Les documents ainsi obtenus corrigeront des appréciations faites à la légère.

Nous exprimerons en passant un regret, c'est que la plupart des explorateurs, imbus d'ailleurs de connaissances très approfondies, n'aient souvent pas les plus indispensables en ce qui concerne l'usage des appareils photographiques.

Nous protestons encore une fois contre ce préjugé répandu, nous ne savons dans quel but, qui consiste à dire que la Photographie est chose aisée et qu'il suffit d'un appareil et de quelques produits pour partir en campagne.

Nous ne prétendons pas qu'il y ait des difficultés insurmontables. Évidemment non. On obtiendra vite, très vite même de médiocres épreuves, mais de là à la perfection que de patience, que de travail! Je fais appel à tous mes collègues; qu'ils jettent un coup d'œil rétrospectif sur leurs œuvres antérieures, qu'ils en fassent un examen consciencieux : ils y trouveront bien des défauts qui avaient passé inaperçus; leur goût s'affine en effet tous les jours et ils deviennent de plus en plus difficiles.

Mais si, au lieu de travailler pour notre plaisir, avec toutes nos aises et les facilités possibles, il s'agissait d'opérer comme le voyageur en pays lointain, inexploré, en face de tous les obstacles, de toutes les difficultés réunis, c'est alors que celui qui n'aura pas d'acquit, de connaissances préalables, échouera piteusement ou rapportera des documents plus que médiocres.

Et pourtant sa tache est aujourd'hui bien simplifiée. Quand il s'agissait d'opérer au collodion humide, que de difficultés, que d'embarras! Quelle somme d'énergie il fallait pour aller travailler dans les endroits les plus inaccessibles avec un matériel qui comportait une tente, des réactifs, des cuvettes et une quantité d'accessoires plus ou moins encombrants et fragiles! Ces intrépides, je vous l'assure, ne négligeaient pas l'étude préliminaire de leur sujet et, s'ils ne rapportaient pas de nombreux documents, ils les rapportaient bons.

Aujourd'hui, le matériel se réduit à l'appareil et aux préparations sensibles. On trouve celles-ci toutes préparées dans le commerce, il n'y a plus qu'à les emporter et quant au développement, on peut ne l'effectuer qu'au retour.

Avec de telles facilités, ce serait triste de ne pas faire mieux que nos devanciers. On peut et l'on doit être plus difficile, plus exigeant, puisque nous avons entre les mains des ressources plus complètes, plus parfaites.

La supériorité des procédés actuels provient tout d'abord de la commodité de l'emploi des préparations à l'état sec, puis, comme nous le verrons par la suite, de l'extrême rapidité qu'elles possèdent.

Mais n'y a-t-il pas dans ces qualités mêmes un danger, un inconvénient quelconque? Nous le croyons, et voici pourquoi. Lors des anciens procédés secs qui succédèrent au collodion humide et le remplacèrent, au point de vue du voyage, le bagage était le même qu'aujourd'hui ; mais il fallait préparer ses glaces ou ses papiers soi-même et, de plus, le temps d'exposition était fort long. Ces raisons combinées faisaient qu'on ne pouvait exécuter en une excursion qu'un nombre limité d'épreuves; on prenait donc bien son temps et la qualité n'en souffrait pas, soyez-en persuadés.

Maintenant on construit des appareils permettant de faire en une sortie 24 et même 48 épreuves. Le danger, le voilà : c'est le gaspillage des clichés et leur médiocrité, parce qu'on les exécute trop rapidement.

Nous assistons à un phénomène analogue à celui qui se passe dans le monde militaire. On change une arme lente contre une arme à tir rapide. Mettez ce fusil dans des mains inexpérimentées et vous aurez indubitablement un résultat déplorable ; les munitions seront dépensées sans effet utile, tandis qu'un homme exercé avec l'ancien fusil ne perdra pas une balle. Mais que l'on mette dans les mains de celui-ci l'arme perfectionnée, il s'en servira avec calme et sang-froid ; et il aura l'avantage, si l'occasion se présente, d'avoir à un moment donné une réserve importante qui lui permettra d'obtenir un résultat supérieur.

Mettons à profit cet exemple ; et, pour nous servir avec succès des préparations nouvelles, ne craignons pas d'augmenter la somme de nos connaissances préalables. C'est la condition *sine qua non* du succès.

Ainsi comprise, la Photographie nous sera du plus précieux secours dans les hypothèses les plus diverses.

S'agit-il, comme l'a fait M. le Dr Gustave Le Bon, d'aller faire un travail d'ensemble sur les monuments hindous. En sept mois, le savant voyageur a pu mener cette tâche à bonne fin et relever un nombre considérable de temples, dont les vastes dimensions et la multiplicité des détails d'architecture ne constituaient pas les moindres difficultés au point de vue de la reproduction. On frémit en pensant au nombre d'années qu'un dessinateur, si habile qu'il fût, devrait passer pour entamer seulement un tel travail.

Un autre avantage, c'est que, une fois les documents amassés et récoltés, on peut les étudier à son aise dans le cabinet de travail; cette manière de faire est indiscutablement très pratique. Il arrivera même encore assez souvent que des détails qui avaient échappé à l'observateur, lors de l'examen direct, lui apparaîtront lors du travail à tête reposée.

Dans d'autres hypothèses, par suite de la distance ou de l'élévation de certaines parties intéressantes, l'examen direct n'aura pu avoir lieu. Dans ce cas, une épreuve qu'il agrandira postérieurement lui rendra possible l'étude qui n'a pu être faite sur place.

La faculté de reproduction de la Photographie s'étend donc à l'infini, puisque, d'une part, elle s'exerce partout où peut aller l'appareil photographique et que, de l'autre, elle peut saisir tout ce qui vient à passer devant celui-ci.

Toutes les fois donc qu'il faudra suivre les progrès d'un travail, les modifications d'un état de choses, en un mot garder la trace d'un phénomène passager, la Photographie interviendra. Dans les grandes entreprises industrielles, on notera ainsi les phases de l'avancement des travaux, jour par jour s'il est nécessaire. Quel puissant moyen de contrôle pour l'ingénieur ou le constructeur!

Ici éclate une catastrophe, survient un accident, un crime est-il commis, vite un cliché pour donner l'aspect des lieux et permettre, s'il y a lieu, par la suite d'établir les responsabilités. Là, c'est un malfaiteur qui, pour se soustraire aux aggravations qui pourraient résulter pour lui de la connaissance de son casier judiciaire, change d'état civil. Mais son portrait est au Dépôt de la Préfecture de Police, et il lui sera bien difficile de donner le change. Vient-il à s'évader, des agents munis de son portrait partent dans toutes les directions, et il est bien rare qu'ils reviennent sans succès.

Dans un autre ordre d'idées, le chirurgien, le médecin constatent au moyen de la Photographie l'étendue des lésions, leur aspect; ils en notent les modifications et complètent ainsi de la manière la plus claire leurs observations. Il est même certaines affections qui donnent au malade une physionomie toute spéciale, qui ne frappe pas l'observateur dans un cas isolé, mais qui devient typique si on la retrouve chez d'autres personnes atteintes de la même maladie.

La comparaison de photographies prises quelquefois à des années de distance permettra, comme l'a fait M. le Professeur Charcot à la Salpêtrière, de décrire le facies propre à telle ou telle affection du système nerveux. Ce résultat est important; car le type, une fois défini, reste gravé dans la mémoire et il peut, dans certains cas, être précieux pour le diagnostic.

Le médecin trouvera également de grands avantages à substituer la plaque photographique à l'œil dans certaines observations, telles que l'examen du larynx, de l'estomac, du nez, de l'oreille, de l'œil, etc. Une fois le cliché obtenu, il pourra l'étudier à l'aise, au lieu de prolonger l'examen, qui est toujours pénible pour le patient.

En dernier lieu, l'usage de la Photographie en ballon a donné des résultats si complets qu'il nous faut beaucoup espérer de son emploi pour nous donner, tout d'abord, des documents précis sur l'aspect des hautes régions de l'atmosphère, puis pour nous permettre, comme on le fera avant peu, d'exécuter des relevés topographiques et géographiques avec rapidité et précision.

L'art militaire utilisera certainement aussi cette intéressante application pour le service des reconnaissances, ainsi que pour relever les positions ennemies; mais, dans ce cas particulier, le succès est intimement lié à la solution d'un autre problème également fort important : c'est celui de la direction des ballons.

Dans toutes les applications que nous venons de vous signaler, l'épreuve obtenue est plus petite que l'original; elle est réduite. C'est un avantage précieux, car on peut ainsi, quelle que soit la taille du modèle, en avoir la reproduction à une échelle voulue.

Mais rien n'empêche d'avoir un cliché égal à l'original, ou même plus grand. Il suffit de placer le modèle et la plaque sensible à des distances différentes de l'objectif, suivant les cas.

Si la distance entre le modèle et l'objectif est égale à la distance de celui-ci à la plaque, l'épreuve obtenue sera de même taille que l'original. Si l'on éloigne le modèle, l'image deviendra plus petite; si on le rapproche au contraire, on obtiendra un agrandissement.

L'infiniment grand et l'infiniment petit sont donc tributaires de l'objectif. A une époque où, par suite des beaux travaux de Pasteur, l'étude du microbe est à l'ordre du jour, l'application de la Photographie au microscope facilitera bien les recherches, et trouvera son emploi non seulement en Microbiologie, mais dans toutes les Sciences où il faut pénétrer jusqu'à l'élément premier, jusqu'à la cellule.

II.

Les divers résultats que je viens de vous indiquer seraient à peu près stériles si, à la facilité de reproduction, ne venait se greffer immédiatement celle de la multiplication des documents quels qu'ils soient. C'est grâce à cette qualité merveilleuse de divulgation et de diffusion que la Photographie prend tous les jours une place de plus en plus importante dans les procédés d'impression.

Que doit-on demander tout d'abord à l'épreuve photographique? C'est évidemment le bon marché et la durée, sinon, elle ne pourra entrer en lutte avec les procédés de gravure typographique.

Nous allons examiner ensemble les efforts tentés dans cette voie, les progrès réalisés, et vous montrer que, dans certains procédés au moins, l'économie du tirage existe en même temps que l'inaltérabilité absolue est acquise.

Les procédés de reproduction par la Photographie sont des plus nombreux; aussi est-il nécessaire de les classer.

On peut faire deux grandes divisions : premièrement, les procédés exclusivement photographiques, que nous appellerons *procédés photographiques,* et deuxièmement, les procédés mixtes qui empruntent une part à la Photographie et l'autre aux procédés de gravure ou d'impression. Le nom de *procédés photomécaniques* peut leur être appliqué avec justesse.

Dans les premiers, et c'est là le caractère important, la lumière est indispensable pour la production de chaque épreuve. Dans les seconds, elle n'est nécessaire que pour obtenir une planche, qui est ensuite tirée mécaniquement par l'un ou par l'autre des procédés d'impression.

Dans la première catégorie, nous rangerons le procédé aux sels d'argent, qui a été longtemps le seul employé, et que vous connaissez tous. On produit par double décomposition sur une feuille de papier du chlorure d'argent, sel qui, on le sait, se décompose sous l'action de la lumière et noircit proportionnellement aux différentes valeurs du cliché.

On immerge l'image ainsi obtenue dans un bain de chlorure d'or qui en modifie le ton d'une manière agréable, puis on la fixe dans une solution d'hyposulfite de soude, afin d'éliminer tout le chlorure d'argent qui n'a pas été réduit par la lumière.

Ces épreuves ont eu un succès colossal, mais on s'est bien vite aperçu qu'elles n'étaient pas sans défauts. Sans tenir compte de la lenteur de l'impression, de la durée des manipulations, de la cherté du sel qui constitue l'image, leur principal inconvénient provient de leur altérabilité.

Il est reconnu, en effet, que l'hyposulfite de soude employé pour le fixage doit être éliminé de la manière la plus parfaite, sinon les épreuves jaunissent, pâlissent et finissent par disparaître. Regardez dans vos albums certaines épreuves datant de quelques années seulement, elles sont détériorées, sinon perdues. Ce défaut est capital; car, sans parler davantage du souvenir qui peut s'attacher à certaines épreuves qu'on ne peut remplacer, il faut penser à tous les documents recueillis par les artistes, les savants, documents qui sont fatalement destinés à disparaître avec le temps.

Parmi les procédés photographiques supérieurs à celui dont nous venons de parler, au point de vue de la durée, nous signalerons les procédés au charbon et au platine.

Sans entrer dans aucun détail, qu'il nous suffise de dire que, dans un des cas, l'image est formée par du carbone très divisé, et dans l'autre par du platine à l'état métallique. Elle aura donc un caractère de durée indiscutable, mais le prix de revient plus élevé et la lenteur relative du tirage empêcheront toujours ces procédés de devenir industriels. Ils n'en rendront pas moins des services importants. C'est ainsi qu'on les réservera pour les travaux dans lesquels on n'a besoin que d'un nombre restreint d'exemplaires. Les photographes, les amateurs, les artistes, les savants, pourront donc avoir recours à ces divers procédés, mais nous sommes persuadé qu'ils se serviront de moins en moins du papier à l'argent.

L'image ainsi obtenue, outre son altérabilité, a une teinte spéciale que vous connaissez bien et qui constitue le ton photographique. Ce ton, qui certes n'est pas désagréable, est cependant loin de valoir les tons du charbon et surtout ceux du platine. Ici, l'image a l'aspect d'un dessin ou d'une belle gravure, et il est certain qu'au point de vue artistique l'effet est bien préférable.

Tous les procédés de ce genre ou bien encore ceux qui présenteront une rapidité plus grande d'exécution sont destinés à un prompt succès.

On se sert beaucoup en ce moment de papiers préparés au gélatinobromure ou au gélatinochlorure d'argent. Ces matières, douées d'une sensibilité remarquable, permettent de tirer des épreuves à la lumière artificielle en quelques secondes, au lieu d'une longue exposition au jour. Leur aspect est tout aussi artistique que celui des épreuves au platine et au charbon. Leur usage tend donc à se répandre de plus en plus, mais il faut mettre le public en garde contre un engouement trop prompt. Dans ces papiers, l'image est obtenue par développement : par suite, l'usage de l'hyposulfite de soude sera un danger tout comme dans les épreuves à l'argent.

Il ne faudra pas cependant les rejeter, malgré

cela, d'une manière absolue; car, dans certains travaux pressés, lorsqu'il s'agira d'avoir tout de suite un document, eux seuls permettront d'avoir un résultat immédiat.

Dans les divers procédés dont nous venons de parler, l'action de la lumière, soit naturelle, soit artificielle, est nécessaire pour l'obtention de chacune des épreuves; c'est un obstacle sérieux lorsqu'il s'agit de tirer un grand nombre d'exemplaires. Quelquefois, même dans certains jours de la mauvaise saison, tout tirage est absolument impossible. L'industrie ne peut s'accommoder de ces lenteurs : ce qu'elle demande, c'est la reproduction rapide, inaltérable et à bon compte du document photographique, quel qu'il soit.

En effet, dans un siècle où l'imprimerie a une part si grande dans notre existence sociale, où le besoin de parler aux yeux en même temps qu'aux oreilles est reconnu, où l'illustration des publications est devenue en quelque sorte une nécessité, on voit l'intérêt qu'il y aurait à transporter directement ce document dans le corps d'un ouvrage quelconque.

Comme nous l'avons déjà indiqué, la suppression de l'intermédiaire qu'on nomme le *graveur* est à désirer non seulement dans la reproduction des œuvres de l'artiste, mais encore dans celle de tous les documents si nombreux où, la Photographie nous ayant donné une copie rigoureusement exacte, nous avons intérêt à ne pas la voir dénaturée par une interprétation plus ou moins habile.

Bien que, à l'heure présente, tous les procédés dont nous devons vous entretenir ne soient qu'à l'état d'adolescence, ils peuvent déjà être mis en œuvre avec avantage par l'auteur pour illustrer ses publications. Nous allons vous en parler, afin de vous montrer le parti que vous pourrez en tirer, le cas échéant.

Il est tout d'abord nécessaire de faire deux grandes classes : les procédés typographiques et les procédés non typographiques.

Dans les uns, l'épreuve peut être tirée avec le texte par les procédés ordinaires de la Typographie ; dans les autres, il est nécessaire de faire un tirage hors texte. La différence, il est aisé de le comprendre, est fort importante et ne peut pas être passée sous silence.

En ce qui concerne les procédés de la première classe, voyons d'abord à quelles nécessités ils doivent se plier.

L'impression typographique ne connaît que le noir et le blanc ; elle procède au moyen de caractères en relief, par conséquent elle ne saurait admettre les demi-teintes, les modelés que par un artifice qui consiste à traduire les différentes valeurs par l'écart plus ou moins grand des reliefs.

S'il ne s'agit tout d'abord que de reproduire un document n'offrant que des traits, par exemple un dessin à la plume, on n'éprouvera pas de difficultés particulières. Une fois la reproduction photographique faite, on insolera sous le cliché obtenu une plaque de métal enduite d'une matière susceptible d'être modifiée d'une manière particulière par la lumière.

Dans les parties frappées par la lumière, cette composition deviendra insoluble dans ses dissolvants, tandis qu'elle disparaîtra dans les parties voisines qui n'ont pas été atteintes.

Elle laissera, par suite, le métal à nu. Des morsures habilement faites attaqueront le métal et laisseront en relief les traits correspondant à ceux de l'original. Le cliché typographique ainsi obtenu sera monté sur bois et intercalé dans les caractères d'imprimerie à l'endroit voulu.

Ici, comme on s'en rend compte, le problème est complètement résolu par l'emploi de ce procédé qu'on nomme le *gillotage,* d'après le nom de son inventeur M. Gillot. Il suffit de livrer à l'une des nombreuses maisons qui exploitent maintenant cette invention un dessin au trait exécuté sur papier bien blanc avec une encre bien noire. S'il doit être réduit, il devra être traité largement; il vaut même mieux toujours procéder ainsi, car le travail de l'auteur n'en est que plus aisé et la réduction donne de la finesse au résultat.

La presse illustrée use constamment de ces procédés, et il arrivera un moment où tout autre moyen de reproduction sera éliminé. Ils sont en effet assez économiques, et ils permettent de tirer à un nombre considérable d'exemplaires tout comme avec les caractères d'imprimerie.

Mais ce mode de reproduction ne s'applique qu'au dessin au trait, et il est impuissant à rendre les demi-teintes, les modelés à teintes continues d'un cliché fait sur nature. On sait, en effet, que celui-ci rend toutes les nuances de l'original par des valeurs plus ou moins intenses.

Un nouveau problème qui se pose, c'est de transformer une telle épreuve à modelés continus en une planche où tous les effets de l'original soient rendus par des reliefs susceptibles d'être tirés typographiquement. Son importance n'est pas à discuter; car, étant données les applications tous les jours de plus en plus nombreuses de la Photographie, leur utilité et leur précision, il serait à désirer que tous ces documents pussent être multipliés à l'infini sans l'intervention d'aucune main susceptible d'interpréter de quelque manière que ce soit.

De nombreux chercheurs se sont mis à l'œuvre et nous leur devons déjà, sous les noms les plus divers : *photogravure, héliogravure, similigravure*, etc., de nombreux procédés qui ont pour but de transformer un cliché quelconque en planche typographique. Les procédés, les tours de main sont gardés par les inventeurs avec un soin excessif, aussi m'abstiendrai-je de vous donner aucun détail. Qu'il me suffise de vous dire que, si la perfection n'est pas encore atteinte, des résultats déjà importants sont acquis. Je pourrais même vous citer nombre d'ouvrages où le document photographique a pu être transporté directement dans le texte et tiré avec lui.

En attendant que les procédés photomécaniques, qui sont, d'après nous, les procédés de l'avenir, aient reçu une solution absolument irréprochable, nous aurons bien des fois avantage à recourir aux procédés de la seconde catégorie qui, bien que non typographiques, permettent cependant un tirage assez considérable et, tout en donnant des épreuves inaltérables, respectent d'une manière complète l'image dans toutes ses demi-teintes et ses modelés.

Ils sont, il est vrai, un peu plus coûteux, ils nécessitent le tirage hors texte ; mais ils ont l'avantage inappréciable de donner une reproduction absolument authentique, si je puis m'exprimer ainsi, reproduction dans laquelle rien ne vient altérer la pureté des lignes ou la douceur des teintes.

Ces procédés sont la Photoglyptie et la Phototypie; ils reposent tous deux sur deux qualités fort intéressantes de la gélatine bichromatée, qualités qui ont été indiquées par Poitevin, l'inventeur de la Photographie inaltérable. Les travaux de ce modeste chercheur sont peu connus, mais ils ont eu une importance toute particulière en ce qui concerne la production des images durables et les méthodes d'impression.

Prenons une plaque recouverte d'une couche épaisse de gélatine bichromatée et exposons-la à la lumière sous un cliché négatif. Que va-t-il se passer? La lumière, traversant les différentes valeurs du cliché, insolubilise plus ou moins profondément la gélatine suivant l'intensité même de ces valeurs. En traitant ensuite la plaque par l'eau tiède, toutes les parties restées solubles se dissolvent et l'on obtient la reproduction de l'image constituée par des reliefs plus ou moins considérables de la gélatine, reliefs qui, d'ailleurs, sont exactement proportionnels aux valeurs du cliché.

On fait sécher la gélatine, puis on l'applique sur une plaque de métal analogue à celui des caractères d'imprimerie; on porte le tout sous la presse hydraulique et l'on donne une pression considérable. La feuille de gélatine s'imprime avec tous ses détails dans le métal et l'on en obtient un moule parfait. Si l'on remplit alors celui-ci d'une encre tiède composée d'un peu de gélatine et d'une matière colorante quelconque non altérable à la lumière, que l'on recouvre d'une feuille de papier blanc et que l'on donne une légère pression, l'excédent de la gélatine s'échappe; on laisse faire prise, l'encre adhère au papier et quitte le moule. Là où les creux étaient profonds, l'épaisseur plus grande de la gélatine colorée donne les grands noirs; dans les parties de niveau, l'encre étant complètement chassée, le papier apparaît et donne les lumières; dans toutes les autres parties, les demi-teintes sont rendues par les quantités d'encre proportionnelles aux différents reliefs.

Si l'on emploie une encre convenablement colorée, on obtiendra une épreuve ayant le ton photographique, mais ressemblant, à s'y méprendre, à une épreuve aux sels d'argent.

C'est du reste ainsi que sont tirées un grand nombre des épreuves représentant les tableaux du Salon annuel de Peinture.

Dans ce procédé, du reste très élégant, la lumière n'a servi que pour obtenir la planche; la suite des opérations est entièrement mécanique. Néanmoins, ce procédé ne tend pas beaucoup à se répandre, à cause des frais nécessités par l'obtention de la planche et de la lenteur assez grande de l'impression.

La Phototypie nous paraît, au contraire, dotée d'un plus grand avenir. On insole également sous le cliché une plaque de gélatine bichromatée; mais, au lieu de la traiter par l'eau chaude, on la traite simplement par l'eau froide. Toutes les parties qui ont été influencées par la lumière prennent l'encre d'imprimerie proportionnellement à cette action; au contraire, celles qui sont restées à l'abri repoussent l'encre.

La gélatine ainsi traitée est en quelque sorte une vraie substance lithographique. Il suffira d'encrer convenablement et de tirer à la presse. Les résultats donnés par ce procédé sont très remarquables. Vous pourrez en juger par l'épreuve que MM. Berthaud frères ont bien voulu tirer à l'intention de nos lecteurs, et qui est en tête de cet Ouvrage.

L'épreuve est aussi inaltérable qu'une épreuve typographique; le ton, que l'on peut modifier du reste par la composition de l'encre, est des plus agréables; enfin le prix de revient n'est pas élevé.

Ce mode de reproduction est, comme on a pu s'en rendre compte, d'une assez grande simplicité et bien plus pratique que la Photoglyptie; il est donc beaucoup plus répandu. Il a de plus l'avantage considérable de pouvoir être tiré avec marge, tandis qu'il n'en peut être ainsi en Photoglyptie, l'encre qui s'échappe du moule venant forcément bavocher les marges.

Outre les divers procédés que je vous ai décrits ou signalés, il en existe encore bien d'autres, soit pour le tirage des dessins au trait, soit pour la reproduction des clichés à teintes modelées, qui, une fois la planche obtenue photographiquement, et par une combinaison avec les méthodes de tirage de la Lithographie, de la Gravure en creux ou en relief, donnent également des résultats très intéressants.

Mais il faut se limiter, et j'ai tenu à vous indiquer seulement les divers procédés vraiment pratiques auxquels vous aurez à vous adresser, suivant la nature du document que vous désirez reproduire et le parti que vous voulez en tirer.

Si vous êtes pressé d'avoir un document quelconque, il suffira, une fois le cliché exécuté, de le tirer sur papier au gélatinobromure et à la lumière artificielle. En quelques minutes vous aurez le résultat.

Voulez-vous, au contraire, des collections durables, n'hésitez pas à rejeter le procédé à l'argent, pour adopter soit le procédé au charbon, soit celui au platine, de préférence à notre avis, à cause de la facilité des manipulations. S'agit-il de faire reproduire un dessin dans le corps d'une publication quelconque, faites-le exécuter largement, comme nous l'avons dit, et puis réduire à l'échelle voulue par la Photographie et enfin gilloter, afin d'avoir un cliché typographique que vous ferez intercaler à la place voulue.

Est-il besoin, au contraire, de reproduire à un grand nombre d'exemplaires un document pris d'après nature, usez d'un des procédés qui ont pour but la Typographie photographique.

Enfin, désirez-vous une reproduction de l'original avec toutes ses valeurs et ses demi-teintes;

vous contentez-vous d'un tirage plus restreint et

Procédé photographique. (Ch.-G. Petit et Cie.)

Cliché A. Londe.

préférez-vous la qualité du résultat à l'extrême

bon marché et à une reproduction moins parfaite, choisissez la Photoglyptie ou, de préférence, la Phototypie ([1]).

([1]) Nous mettons sous les yeux du lecteur deux spécimens d'impressions photographiques, l'un hors texte, placé en frontispice, et l'autre intercalé page 39 au milieu des caractères d'imprimerie.

Le premier est une épreuve phototypique qui sort des ateliers bien connus de MM. Berthaud frères; le second, une épreuve typographique obtenue directement d'après le négatif original.

Nous devons cette planche très intéressante à M. Charles-Guillaume Petit, qui, parmi les chercheurs, est un de ceux qui ont le plus contribué à l'avancement de la question si importante de la transformation du document photographique en cliché typographique.

Nous nous faisons un devoir et un plaisir de remercier MM. Berthaud frères et M. Petit de leur extrême obligeance.

III.

Dans ce qui précède, nous avons bien pressenti que le document photographique était obtenu le plus souvent avec une certaine rapidité. Mais quelles sont les limites de cette rapidité? C'est là ce qu'il nous faut examiner.

Lors de l'apparition du daguerréotype, il fallut se limiter tout d'abord à la reproduction des objets inanimés; puis, grâce à l'emploi de produits accélérateurs, on put aborder le portrait. Encore fallait il mettre le malheureux modèle en plein soleil : je vous laisse à apprécier la qualité des résultats.

Avec le collodion humide, le domaine s'élargit; la pose n'est plus que de quelques secondes, et l'on peut opérer à la lumière diffuse. Les applications scientifiques deviennent plus nombreuses, mais ce n'est réellement que depuis l'apparition du procédé au gélatinobromure d'argent que nous voyons la plaque photographique devenir un merveilleux instrument de travail entre les mains des chercheurs et des savants.

L'*étude du mouvement* sous toutes ses faces a pu être abordée avec le succès que vous savez. On ne parle plus de poser par secondes, mais bien par centièmes et même par millièmes de seconde. La main n'est plus assez rapide, et un instrument nouveau, l'obturateur, dont le but est de permettre ces expositions si courtes, est devenu partie indispensable du matériel.

Une nouvelle branche de la Photographie est née, je veux parler de la Photographie instantanée. C'est elle qui nous donne ces merveilleuses épreuves où les mouvements de l'homme et des animaux, les moindres rides de l'eau, les nuages mêmes donnent l'animation et la vie.

Inutile de vous dire que l'on s'est engagé dans cette voie avec un certain engouement, comme on le fait généralement pour tout ce qui est nouveau.

On n'a vu tout d'abord qu'un résultat curieux à obtenir, un tour de force à exécuter. Pour y arriver, on ne craignait pas de négliger même certaines des qualités primordiales de l'épreuve, telles que la netteté générale et la profondeur de foyer.

Cette manière de faire ne vous paraît-elle pas critiquable, et ne vous semble-t-il pas préférable de chercher à bénéficier des avantages des nouveaux produits, sans perdre rien de la valeur du résultat, en un mot, d'ajouter les avantages de la Photographie instantanée à ceux de la Photographie posée? Voilà quel doit être notre but, voilà ce que doit nous donner la Photographie instantanée bien comprise.

Quant à ces épreuves étonnantes, que l'on était

fier de montrer, quelle utilité ou quel profit peut-on en tirer? Le beau résultat que d'obtenir un train express avec la netteté la plus parfaite. Il est si net qu'il a l'air d'être arrêté. Votre œil, au lieu de percevoir la sensation d'une vitesse extrême, reçoit celle d'une absence complète de mouvement. Je n'insisterai pas davantage.

Si vous photographiez un beau cheval aux grandes allures, vous obtenez un vrai cheval de bois, dans une attitude ridicule et invraisemblable.

J'entends d'ici les objections que l'on va me faire. Ce mouvement, dira-t-on, est vrai, puisque la Photographie, qui est impartiale, l'a saisi. Il est évident, répondrons-nous, que cette attitude a existé, mais ce que nous nions, c'est qu'elle puisse rendre la sensation de mouvement telle que la perçoit notre œil.

Si nous analysons le mouvement au moyen de notre œil, nous constaterons immédiatement que la succession des attitudes est telle qu'aucune d'elles n'est perçue isolément, sauf dans les périodes extrêmes entre l'aller et le retour, où il y a théoriquement un temps d'arrêt. Si la photographie, et ce sera une question de hasard, est faite précisément dans une de ces périodes, l'impression sera satisfaisante pour notre œil; sinon, à tout autre moment, elle sera choquante et disgracieuse. La plaque photographique décompose le mouvement plus que notre œil, c'est ce qui explique ce résultat qui nous paraît faux. Multipliez, au contraire, ces épreuves de façon à saisir les diverses phases du mouvement, puis placez-les dans le phénakisticope et vous aurez alors la véritable impression du mouvement, car chacune des épreuves isolées ne peut et ne doit pas être séparée de ses voisines.

L'étude du mouvement par une série d'épreuves très rapprochées a été indiquée par Muybridge, puis reprise par notre savant collègue M. le Professeur Marey. Ses travaux sur la marche de l'homme, sur celle des animaux, sur le vol des oiseaux ont jeté un jour important sur les lois de la locomotion animale.

Ici la Photographie vient apporter des procédés nouveaux à la méthode graphique dont l'emploi est si général maintenant dans les Sciences. La Chronophotographie, ainsi que la dénomme M. Marey, permet, en prenant sur une même plaque immobile et à des intervalles égaux une série de photographies d'un corps qui se déplace, de traduire sous une forme excessivement simple les mouvements les plus compliqués.

La plaque photographique est, du reste, un instrument d'enregistrement très précieux; car, sans l'intervention d'aucun organe mécanique, elle peut, grâce à un simple rayon de lumière qui vient la frapper, analyser la marche d'un appareil quelconque. C'est ainsi que l'on peut inscrire les variations du baromètre, du thermomètre, de l'électromètre, étudier les déviations de l'aiguille aimantée. Les applications dans les Sciences physiques et en Météorologie, par exemple, ont déjà rendu bien des services.

Vous avez entendu parler de Télégraphie optique, système qui permet de communiquer entre deux postes d'observation au moyen d'une simple émission de signaux lumineux. L'enregistrement automatique de ces dépêches aurait une importance toute spéciale au point de vue de la lecture et du contrôle des signaux, et c'est encore de la Photographie qu'il faudra attendre la solution. Des essais faits dernièrement nous ont prouvé que, de ce côté, le succès ne se fera pas attendre longtemps.

S'agit-il d'étudier les lois du recul des pièces de canon, de noter le point d'éclatement des projectiles de guerre, de mesurer et de connaître les effets produits par des torpilles ou des substances explosives ; on pourra le faire facilement à l'aide de la Photographie. Je vous montrerai, du reste, tout à l'heure des résultats de quelques expériences faites dans cet ordre d'idées.

Il est évident, en effet, que, dans tous ces phénomènes qui ne durent que quelques instants, la plaque photographique pourra noter ce que l'œil n'aura pas eu le temps de voir. Il en sera de même pour l'étude des phénomènes électriques, tels que les éclairs ou les décharges des machines électriques.

Je serais incomplet, si je ne vous parlais pas en dernier lieu de l'Astronomie, dans laquelle l'application des procédés rapides a donné des résultats inespérés.

La photographie du Soleil, de la Lune, des principaux astres, est devenue opération courante ; les résultats obtenus sont des plus parfaits, ainsi que vous le verrez dans les belles épreuves de M. Janssen.

Ce qui doit nous frapper le plus dans les travaux du savant astronome, ce sont les résultats particuliers qu'il a obtenus par l'emploi des poses très rapides.

En effet, c'est en procédant ainsi que M. Janssen a pu révéler l'existence de la photosphère, ou atmosphère solaire, dans laquelle on aperçoit des mouvements vibratoires considérables et d'une importance toute spéciale ; qu'il a pu étudier d'une manière suivie les granulations de la surface solaire, granulations que l'on ne pouvait observer que difficilement et à de rares intervalles, et qu'enfin l'aspect si variable des taches du Soleil a pu être l'objet d'un examen journalier.

En dernier lieu, comme je vous l'ai déjà dit, les astronomes du monde entier vont entreprendre sur un plan uniforme et avec des instruments identiques la confection de la Carte du Ciel.

Cette décision a été prise à la suite des beaux travaux de MM. Henry frères, par le Congrès astronomique qui s'est assemblé à l'observatoire de Paris le 16 avril 1887.

La réunion de ce Congrès, qui comprenait tous les directeurs des principaux observatoires de chaque pays et les savants de chaque nation dont les conseils et la haute compétence étaient nécessaires pour assurer la meilleure réalisation du projet, a été provoquée par M. le contre-amiral E. Mouchez, le savant directeur de l'observatoire de Paris.

Une grande part du succès lui revient donc, car de cette importante réunion vont sortir des travaux de la plus haute valeur. En effet, les instruments adoptés donneront les étoiles jusqu'à la 14e grandeur.

Ce résultat est une nouvelle consécration des qualités spéciales de la Photographie et de l'exquise sensibilité de ses moyens d'action.

IV.

Nous avons vu que la plaque photographique était plus sensible que l'œil, mais ce n'est pas tout ; elle présente encore avec cet organe des différences importantes.

Faisons passer au travers d'un prisme un rayon de lumière : nous décomposerons celle-ci en ses éléments. Nous obtiendrons un spectre composé des couleurs élémentaires, groupées dans un ordre déterminé.

L'action de ces diverses couleurs sur les substances photographiques est particulièrement intéressante.

C'est ainsi que l'on constate le minimum d'action dans le rouge et dans le jaune, tandis que le maximum est atteint dans une partie située au delà du violet : c'est la région ultra-violette.

Les rayons chimiques seuls actifs sur les préparations photographiques dominent dans cette région du spectre, tandis qu'ils diminuent d'une manière considérable dans l'extrémité opposée, vers le jaune et le rouge.

Au contraire, les rayons lumineux que perçoit l'œil sont fort nombreux dans le jaune et le rouge, ils diminuent dans les autres et n'existent plus dans l'ultra-violet.

Nous trouverons donc souvent des différences importantes entre les indications fournies par notre œil et les résultats obtenus sur la plaque.

C'est, du reste, une des plus grandes difficultés de la Photographie : ce qui montre encore une fois la nécessité de connaissances spéciales et l'utilité de faire une étude absolument raisonnée de son sujet, si l'on ne veut pas avoir d'amères déceptions.

La mesure de l'intensité chimique de la lumière est donc une question à l'ordre du jour, et la solution de ce problème doit nous préoccuper à juste titre.

La présence d'une plus faible quantité de rayons chimiques dans le jaune et dans le rouge est mise très heureusement à profit dans l'éclairage du laboratoire.

Lors du collodion humide, un simple verre jaune suffisait; aujourd'hui, il est nécessaire d'employer les verres rouge rubis. Si les progrès continuent, comme c'est à prévoir, dans la préparation des glaces rapides, il y aura certainement de ce côté des difficultés très sérieuses pour les manier à l'abri de toute lumière actinique.

C'est pour la même raison que, dans les épreuves photographiques, les effets, les valeurs se trouvent quelquefois complètement renversés.

Des couleurs brillantes, éclatantes pour l'œil, ne sont pas photogéniques et seront rendues dans les notes sombres; d'autres, au contraire, viendront plus claires qu'elles ne paraissent.

Prenons comme exemple l'uniforme du soldat français, capote bleu foncé et pantalon rouge. Il est évident que l'œil perçoit cette couleur comme plus éclatante que le bleu. Un dessinateur la traduira ainsi. En Photographie, ce sera l'inverse : le pantalon viendra noir et la capote claire.

Prenez une personne blonde, ses cheveux dorés viendront foncés. A-t-elle au contraire des yeux bleus, vous aurez les plus grandes difficultés à les rendre.

Cette particularité a été mise à profit, il y a déjà longtemps, par la Banque de France pour éviter la reproduction de ses billets par la Photographie. L'impression de la vignette est faite à l'encre bleue, ce qui en rend la copie impossible.

Ici, comme vous le voyez, ce sont deux teintes, le bleu et le blanc, que l'œil discerne et que la plaque ne rend pas. Dans d'autres cas, comme pour les taches de rousseur du visage, ce sera l'inverse : à peine visibles à l'œil, elles ne le seront que trop sur l'épreuve.

La Photographie a, du reste, tiré parti de ses défauts mêmes. Voici de vieux palimpsestes sur lesquels une main économe n'a pas craint d'effacer l'ancienne écriture pour la recouvrir d'une plus moderne. Il n'en restait plus de traces à l'œil, mais l'objectif a pu déceler les anciens caractères.

Maintenant, c'est un faussaire qui exerce son talent non plus sur de vieux papyrus, mais sur des papiers de commerce, sur des traites, sur des chèques. Sa fraude a pu être découverte avec facilité.

Malgré les résultats intéressants que nous venons de signaler, il est certain que les efforts des chercheurs doivent tendre à rendre tout d'abord les couleurs, en tant que valeurs bien entendu, telles que l'œil les perçoit. Ce sera un premier résultat On a déjà pu, par l'introduction de certaines substances, telles que l'éosine, l'érythrosine, la cyanine, etc., obtenir de meilleurs résultats dans le jaune et même dans le rouge. Nul doute que le succès ne soit prochain. C'est alors que l'on pourra arriver à la solution de ce problème si important : la Photographie des couleurs.

Il paraît difficile de prévoir les conséquences de cette découverte, le jour où elle se fera ; mais ce qui nous donne bon espoir, c'est que le premier pas dans cette voie est fait, et certes c'était le plus difficile. Il existe dans les collections du Conservatoire une photographie de spectre, qui a été faite par M. Becquerel, il y a bien des années déjà. Jusqu'à présent, il est vrai, on n'a pas trouvé le moyen de fixer ces couleurs fugitives, qui disparaissent dès qu'on les expose à la lumière ; mais on y arrivera certainement.

Mais il faut m'arrêter, j'aurais peur d'abuser de votre attention. Nous avons parcouru ensemble le domaine photographique, mais nous n'en avons vu que les grandes avenues. Que d'allées et de sentiers que je n'ai pu vous indiquer, et qui offrent un intérêt et un charme particuliers. J'ose espérer que cette Conférence, d'ordre un peu général, sera suivie d'autres réunions où des orateurs plus habiles que moi pourront traiter avec détails chacun des points que je n'ai fait qu'effleurer.

Je profite de l'occasion pour constater que, malgré les applications toujours plus nombreuses et plus importantes de la Photographie, il n'y a pas encore d'enseignement régulièrement fait, d'école pratique où l'on puisse s'instruire afin d'entrer avec chance de succès dans la nouvelle voie.

C'est regrettable; car il est certain que les progrès, les découvertes se multiplieraient si tous ceux qui s'occupent de Photographie avaient les connaissances indispensables.

Nous ne sommes plus au temps où c'était en quelque sorte se discréditer que de s'occuper de Photographie, et quand des savants comme MM. Janssen, Marey, les frères Henry et tant d'autres vous montrent les liens étroits qui unissent la Photographie et la Science, on peut être fier d'essayer de marcher dans le chemin qu'ils ont si brillamment parcouru.

LISTE DES PROJECTIONS

FAITES PAR M. LONDE (¹).

Spectre solaire. (Collection Davanne.)
Photographie d'un palimpseste. (Id.)
Épreuve négative. (Id.)
Épreuve positive. (Id.)
Épreuve déformée par mauvais emploi de l'instrument. (Id.)
Même épreuve non déformée. (Id.)
Rencontre de bateaux sur le Saint-Laurent (épreuve instantanée).
Rade de Québec.
Terrasse de Québec.
Marché de Québec.
La Cascade de Montmorency.
Scierie sur le canal de la Chine. (Prise à bord d'un steamboat.)
Pont tournant sur le canal de la Chine. (Id.)
Sortie du canal de la Chine. (Id.)
Palais du Parlement à Ottawa.
Chute de la Chaudière à Ottawa.
Chute du Niagara (chute américaine).
Chute du Niagara (chute canadienne).
Les Rapides du Niagara.
Indiens (île du Cap Breton).
Le steamer *le Damara* en plein Atlantique.
Portrait d'un passager se servant de l'appareil à main Léon Vidal.
Une discussion à bord (faite avec l'appareil Léon Vidal).
Les grandes vagues de l'Atlantique.
Un coup de mer à bord.

(¹) Toutes les projections qui ne sont suivies d'aucune annotation font partie de la collection de l'auteur.

Arbres géants de la Californie. (Collection Davanne.)
Temple indien. (Collection Gustave Le Bon.)
Inscription latine. (Collection Davanne.)
Enterrement de Victor Hugo.
Portrait d'un lépreux. (Collection de la Salpêtrière.)
Genou d'ataxique. (Id.)
La pointe de l'île Saint-Louis (épreuve prise en ballon). (Collection Tissandier).
Spécimen des dépêches du siège de Paris. (Collection Davanne.)
Coupe de moelle. (Collection de la Salpêtrière.)
Coupe d'os chez un ataxique. (Id.)
Culture du *Bacillus mesentericus* dans la pomme de terre.
Microbes de la tuberculose. (Cliché Perrot de Chaumeux-Thouroude et A. Londe.)
Saut de l'homme en hauteur.
Cheval au pas.
Cheval au trot.
Cheval au galop.
Chien sautant.
Saut de la haie (peloton de chasseurs à cheval).
Marche de l'homme. (Collection du Dr Marey.)
Course de l'homme. (Id.)
Saut de l'homme. (Id.)
Vol des oiseaux. (Id.)
Enregistrement de la trajectoire d'une balle en mouvement. (Id.)
Feu d'artifice (bouquet du Champ-de-Mars, 14 juillet 1887).
Photographie de la Lune. (Collection Davanne.)
Taches du Soleil. (Id.)
Explosion dans les carrières de gypse d'Argenteuil. (Cinq épreuves successives).
Photographie au théâtre. (La Dame de Monsoreau, la Tosca.)

(Les projections ont été faites par M. Molteni avec le talent et l'habileté que l'on connaît : nous tenons à l'en remercier en notre nom et en celui de nos auditeurs.)

14208 Paris. — Imp. GAUTHIER-VILLARS ET FILS, quai des Gr.-Augustins, 55.

AUDRA. — **Le gélatinobromure d'argent.** Nouveau tirage. In-18 jésus; 1887 .... 1 fr. 75 c.

DAVANNE. — **La Photographie. Traité théorique et pratique.** 2 beaux volumes grand in-8, avec nombreuses figures, se vendant séparément :

Ire PARTIE : Notions élémentaires. — Historique. — Épreuves négatives. — Principes communs à tous les procédés négatifs. — Épreuves sur albumine, sur collodion, sur gélatinobromure d'argent, sur pellicules, sur papier; avec 2 planches spécimens et 120 figures dans le texte; 1886 .... 16 fr.

IIe PARTIE : Épreuves positives : Daguerréotype. Épreuves sur verre et sur papier. Épreuves aux sels de platine, de fer, de chrome (procédé au charbon). Impressions photomécaniques. — Divers : Projections. Agrandissements. Micrographie. Stéréoscope. Les couleurs en Photographie. Notions élémentaires de Chimie. Vocabulaire. Avec 114 figures dans le texte et 2 planches; 1888 .... 16 fr.

KLARY, Artiste photographe. — **L'Éclairage des portraits photographiques.** *Emploi d'un écran de tête, mobile et coloré.* 6e édition, revue et considérablement augmentée par HENRY GAUTHIER-VILLARS. In-18 jésus, avec figures dans le texte; 1887.................... 1 fr. 75 c.

LONDE (A.), Directeur du service photographique à l'hôpital de la Salpêtrière. — **La Photographie instantanée. Théorie et pratique.** In-18 jésus, avec 21 figures dans le texte; 1886 .... 2 fr. 75 c.

PIZZIGHELLI et HÜBL. — **La Platinotypie.** *Exposé théorique et pratique d'un procédé photographique aux sels de platine, permettant d'obtenir rapidement des épreuves inaltérables.* Traduit de l'allemand par HENRY GAUTHIER-VILLARS. 2e éd. In-8, avec pl. spécimen; 1887... 3 fr. 50 c.

VOGEL. — **La Photographie des objets colorés avec leurs valeurs réelles.** Avec 2 planches. Traduit de l'allemand par HENRY GAUTHIER-VILLARS. In-8; 1887.

Broché .... 6 fr.
Cartonné avec luxe.. .... 7 fr.

14208 Paris. — Imprimerie GAUTHIER-VILLARS ET FILS, quai des Grands-Augustins, 55.

www.ingramcontent.com/pod-product-compliance
Ingram Content Group UK Ltd.
Pitfield, Milton Keynes, MK11 3LW, UK
UKHW021818190726
13853UKWH00003B/1055

9 782329 595405